A Monsieur le Docteur [...]
hommage de son devoué collègue

Extrait des Mémoires de l'Académie impériale des Sciences de Toulouse.
VIᵉ SÉRIE, TOME I, page 215.

N. Joly

EXAMEN CRITIQUE

DU MÉMOIRE DE M. PASTEUR,

RELATIF AUX GÉNÉRATIONS SPONTANÉES,

*Et couronné par l'Académie des Sciences de Paris, dans sa séance
du 29 décembre 1862;*

Par M. le Dʳ N. JOLY.

(Lu à l'Académie des Sciences de Toulouse, dans sa séance du 13 mai 1863.)

> « Les meilleurs esprits et les plus savants hommes de ce temps
> » ont commis cette faute, d'oublier que la science du lendemain
> » s'est toujours faite avec les prétendues absurdités de la veille, et
> » qu'il est plus qu'imprudent, à notre époque, de décréter l'impos-
> » sibilité de ce qu'on ne connaît pas. »
>
> Dʳ Maximin LEGRAND. *Union médicale*, 1859.

AVANT-PROPOS.

VIVEMENT débattue à la Sorbonne (1); condamnée d'abord
par l'Institut, qui, mieux informé depuis, a fait succé-
der une sorte de sursis à un verdict absolu (2); anathéma-
tisée par l'Eglise (3); anéantie, s'il faut en croire M. Pas-

_____

(1) Voir dans la *Revue des Sociétés savantes*, t. I, p. 65, le Compte rendu
des séances de lectures des 21, 23 et 24 novembre 1861; et, dans les
Mémoires de l'Académie des Sciences, Inscriptions et Belles-lettres de Toulouse,
tom. VI, 5ᵉ série, p. 4, mon travail, intitulé : *Une séance à la Sorbonne*
en 1861.

(2) Voir les *Comptes rendus* de l'Institut, 23 décembre 1861, et, dans le
même Recueil, le Rapport de M. Claude Bernard sur le Concours de 1862,
p. 977.

(3) Voir le nᵒ 3 (supplément) des *Conférences de Notre-Dame de Paris*
en 1863, par le R. P. Félix, p. 234 et suiv.

A côté des anathèmes du R. P. Félix, nous aimons à placer ici les paroles
d'un prêtre instruit, aimant, c'est lui-même qui nous le dit, « aimant la science
d'un grand amour », et sachant allier son culte à la sage tolérance du philo-
sophe chrétien.

« Que l'animal imparfait participe plus ou moins à la vie végétale, *qu'il se*

1

teur, par les derniers coups qu'il vient de lui porter (1), l'*Hétérogénie* (2) a la prétention d'exister encore. Il semble même qu'elle puise de nouvelles forces dans la proscription quasi-officielle dont elle est devenue tout récemment l'objet.

Témoin la défense vigoureuse que M. Pouchet (3) opposait naguère à un adversaire illustre, mais mal préparé pour une lutte où tous les arguments métaphysiques du monde ne sauraient remplacer un seul fait d'observation rigoureusement constaté.

Témoin les écrits marqués au coin de l'expérimentation la plus ingénieuse, de la logique la plus sévère, de la conviction la plus profonde, par lesquels notre savant ami a combattu ses antagonistes, et notamment M. Pasteur (4).

S'il s'est retiré du concours ouvert par l'Académie avant la décision de ce corps savant, les motifs de cette retraite honorable, qui a dû *solidairement* entraîner la nôtre, ne sont plus

---

forme même, si vous voulez, par *l'attraction mystérieuse des molécules organiques*, peu importe à la question générale : à mesure que la dignité grandit, le principe de vie se détermine, le plan du Créateur se perfectionne, et la liberté humaine reste saine et sauve en dehors de toute discussion. » (L'abbé Chaboisseau, *de l'Influence de l'idée religieuse sur les progrès de l'histoire naturelle* ; Mémoire lu au Congrès scientifique de Bordeaux, 28ᵉ session.)

Nous ne pouvons qu'applaudir à ces vues larges et synthétiques de M. l'abbé Chaboisseau.

(1) Comptes rendus de l'Institut, séance du 20 avril 1863.

(2) Afin d'éviter toute équivoque, et pour couper court aux fausses interprétations, nous déclarons, une fois pour toutes, que par ces mots : *Hétérogénie* ou *génération spontanée*, nous n'entendons pas une *création faite de rien*, mais bien la *production d'un être organisé nouveau, dénué de parents, et dont les éléments primordiaux ont été tirés de la matière organique ambiante.*

(3) Voir sa notice intitulée : *Génération spontanée*, lue au Congrès scientifique de Paris en 1863.

(4) Consultez surtout, indépendamment de son livre sur l'Hétérogénie (1 vol. in 8º, Paris 1859), les brochures intitulées : *Etat de la question en 1860*, *Etudes expérimentales sur la Genèse spontanée* (Ann. Sc. nat., 4ᵉ série, t. XVIII, p. 277), et divers articles écrasants pour la théorie semi-panspermiste, que M. Pouchet a publiés de 1859 à 1863 dans l'*Ami des sciences*, l'*Union médicale* et le *Moniteur scientifique du docteur Quesneville*.

aujourd'hui un secret pour personne. « Le siége de l'illustre Compagnie était fait » (1) quand nous nous sommes présentés devant elle.

Arrière donc l'Hétérogénie ! « C'est une monstruosité philosophique », disait M. le comte de Careil au dernier Congrès scientifique de Paris. « C'est la première aberration de la physiologie anti-chrétienne, c'est un produit de l'impiété ignorante, c'est une théorie malsaine, et ceux qui la défendent sont *des fils du* XVIIIe *siècle égarés dans le* XIXe », s'écriait naguère, du haut de la chaire de Notre-Dame, un orateur sans contredit très-éloquent, mais évidemment très-peu instruit de la doctrine qu'il condamne (2).

Nous ne suivrons pas nos contradicteurs sur le terrain brûlant où ils se sont engagés. Nous nous contenterons de leur rappeler deux ou trois tristes histoires qu'ils savent mieux que nous.

Quand Galilée prétendit que la terre tourne, il fut traité d'impie, persécuté, pour avoir osé soutenir une vérité que personne aujourd'hui ne conteste.

Lorsque Newton découvrit sa grande loi de l'*attraction universelle*, Leibnitz lui-même l'accusa « d'introduire des propriétés occultes dans la philosophie », et il répudia cette découverte, « comme subversive de la religion révélée ».

Quand, il y a vingt ans, M. Boucher de Perthes annonça l'existence de l'homme anté-diluvien... Tout le monde sait le reste...

Malgré les rigueurs de l'Inquisition, malgré les accusations

---

(1) Expression de M. Victor Meunier, *Opinion nationale* du 6 mai 1863.

(2) Voir l'article, aussi bien pensé que bien écrit, qui a paru dans l'*Illustration du Midi* (n° du 5 avril 1863), et dont l'auteur est M. Grenier, jeune étudiant en droit plein d'avenir.

Voyez surtout le remarquable discours prononcé par M. Gatien-Arnoult, président de l'Académie des Sciences, Inscriptions et Belles-lettres de Toulouse, dans la séance solennelle du 21 mai 1863.

La doctrine de l'*Hétérogénie* et les attaques passionnées dont elle a été l'objet, ont inspiré à notre honorable collègue des réflexions aussi justes que profondément sensées.

étranges de Leibnitz, la Terre continue à tourner autour du soleil ; les Mondes s'attirent toujours en raison composée de leur masse, et en raison inverse du carré des distances ; la Religion est debout et respectée ; enfin la vraie Science reste fidèle à sa devise : *Examen, liberté, progrès.*

Cette devise est aussi la nôtre.

Si l'Hétérogénie est une erreur, le temps en aura bientôt fait justice ; si elle est une vérité, le temps encore se chargera de la faire luire à tous les yeux.

Que seulement les petites passions se taisent, que l'intolérance et les savants eux-mêmes daignent étudier et voir avant d'anathématiser et de proscrire ; que la Religion n'intervienne pas dans un débat auquel, quoi qu'on en dise, elle n'est nullement intéressée (1) ; que la Science ne nous donne jamais le plus triste des spectacles en se faisant, à la suite de la Philosophie, l'humble servante de la Théologie, et bientôt s'abaisseront les puissants obstacles qui s'opposent encore à l'admission d'une doctrine pas plus malsaine que tant d'autres jadis réputées telles, et tenues aujourd'hui pour être tout à fait conformes à la plus saine orthodoxie.

Quant aux jugements de l'Académie des sciences de Paris, ils ne sont pas, Dieu merci, absolument infaillibles et par conséquent sans appel. L'histoire toute récente de M. Boucher de Perthes et de l'*Homme fossile* est là pour le prouver. Lorsque, après vingt ans d'insistances inutiles, l'Institut a consenti à voir, il a vu. En ce qui concerne l'*Hétérogénie*, un

---

(1) « Et d'ailleurs, disait, il y a quelques jours, notre savant ami M. Pouchet (*Génération-spontanée*, p. 12), la thèse que nous développons ici, mais elle a été soutenue par les plus grands philosophes chrétiens, saint Augustin, saint Jean, saint Jérôme et saint Basile. Tout récemment, un de nos plus illustres cardinaux (Msr Donnet) y applaudissait lui-même dans une réunion scientifique. »

N. B. M. Pouchet fait ici allusion aux félicitations chaleureuses que Msr le cardinal Donnet voulut bien adresser à M. Musset, mon jeune collaborateur, lorsque celui-ci exposa au Congrès scientifique de Bordeaux les résultats des expériences que nous avions exécutées en commun. M. Musset a publié depuis ces résultats dans une *thèse* pour le doctorat ès-sciences naturelles qui lui a valu les suffrages unanimes de ses juges.

temps viendra où il daiguera aussi jeter un regard moins pré-
venu sur les travaux de la province , et nous ne doutons pas
qu'alors il ne soit étonné , peut-être même n'éprouve des
regrets , d'avoir si longtemps fermé les yeux à la lumière des
faits que maintenant il juge inadmissibles.

Aussi ne nous laisserons-nous détourner de notre voie ni
par le dédaigneux silence , ni par les clameurs plus ou moins
intéressées de nos contradicteurs , ni même par les sarcasmes
et les disgrâces imméritées.

Aujourd'hui nous n'avons qu'un seul but : c'est de montrer
à M. Pasteur , et cela en puisant nos preuves dans ses propres
écrits , que ces écrits sont entachés de graves erreurs et de
nombreuses contradictions , et que *les coups mortels* qu'il prétend avoir portés à l'Hétérogénie pourraient bien retomber sur
la théorie singulière dont il s'est fait le champion.

Rappelons d'abord les points principaux du travail qui lui a
valu tant d'honneurs : (*Ann. scienc. nat.* tom. xvi, 4ᵉ série).

1° Il y a toujours en suspension dans l'air des corpuscules
organisés tout à fait semblables à des germes d'organismes
inférieurs.

2° Ils sont la cause des *générations* dites *spontanées*.

3° L'air calciné , c'est-à-dire privé de ses corpuscules par
l'action d'une très-haute température , empêche le développement des proto-organismes dans les infusions bouillies avec
lesquelles cet air se trouve en contact.

4° Mais si , dans ces mêmes infusions , l'on sème des corpuscules atmosphériques , on y voit apparaître exactement les
mêmes êtres qu'elles développent à l'air libre.

5° Il y a dans l'air des germes qui périssent à la température de l'eau bouillante , et d'autres germes , très-voisins des
premiers , qui résistent à une chaleur beaucoup plus élevée.

6° Il y a des animaux qui non-seulement peuvent se passer
d'oxygène pour vivre , mais encore que l'oxygène tue.

Voyons maintenant si M. Pasteur tiendra toujours le même
langage , et si de ses prémisses il tirera des conséquences
constamment identiques.

§ 1. *Micrographie aérienne.*

« Il y a toujours en suspension dans l'air ordinaire , dit M. Pasteur , des corpuscules organisés tout à fait semblables à des germes (1) d'organismes inférieurs. » (*Mémoire couronné* , p. 37).

Examinons d'abord le procédé au moyen duquel M. Pasteur étudie ces germes ou corpuscules organisés qui , d'après lui , encombrent l'atmosphère.

Il dissout , dans un mélange d'alcool et d'éther , le coton-poudre au moyen duquel il a recueilli les corpuscules en question ; il décante , laisse évaporer le liquide restant , délaye le résidu dans un peu d'eau , et le soumet au microscope , en faisant agir sur lui divers réactifs , tels que l'iode , la potasse , l'acide sulfurique , etc. Or , qui ne voit tout d'abord que les réactifs employés pour cet examen doivent singulièrement altérer les corpuscules organisés ?

Je passe sur cette objection , et je demande à notre savant antagoniste à quels caractères il reconnaît ces corpuscules ?

A leur forme , à leur structure , à leur volume , me répond-il.

Mais la forme qu'il leur assigne peut très-facilement les faire confondre , et les a fait confondre en effet , plus d'une fois , par nos adversaires eux-mêmes , avec les particules inorganiques ou les grains de fécule , qui leur sont presque toujours associés.

La structure apparente ? Mais nulle part il ne la décrit. Du reste , nous ne nous contentons pas de l'apparence ; il nous faudrait la réalité.

Le volume ? Comment donc M. Pasteur peut-il distinguer les germes de la poussière qui salit les cuves au mercure de nos laboratoires , puisque , de son propre aveu , « ces corpuscules n'ont pas de volume sensible ? » (P. 35.)

---

(1) Ce terme est impropre ; nous l'employons cependant pour nous conformer au langage de M. Pasteur.

Que dire de l'assertion qui suit ?

« Quant à affirmer que ceci est une spore , et que cela est un œuf et l'œuf de tel microzoaire , je crois que cela u'est pas possible. » (P. 26.)

Pourquoi donc cette impossibilité , quand vous prétendez un peu plus loin (p. 44) que les corpuscules organisés de la poussière ressemblent , à s'y méprendre , aux petites graines dont vous avez reconnu la formation dans vos liqueurs ? Quoi ! vous distinguez les unes , vous ne sauriez déterminer les autres !

Plus heureux que vous, MM. Turpin , Montagne , Tulasne , vos savants confrères de l'Institut ; Ehrenberg , Dujardin , Pouchet , Robin , Hoffmann , etc. , , reconnaissent et dé-terminent le plus souvent , sans la moindre hésitation , les spores ou les œufs qu'ils aperçoivent dans le champ du mi-croscope.

D'un autre côté , nous concevons très-bien l'impossibilité dont parle M. Pasteur , en ce qui concerne les œufs des infu-soires non ciliés. Ces œufs , en effet , sont moins faciles à voir que ne le supposent certains observateurs. Rudolph Wagner et R. Leuckart disent qu'ils n'existent pas. Ehrenberg lui-même affirme n'en avoir jamais vu.

Nous n'avons pas été plus heureux que nos devanciers quand nous avons cherché les œufs des *Bactéries* , des *Vibrions* et des *Monades* , dont des millions de milliards d'individus ont cependant passé sous nos yeux.

Or M. Pasteur lui-même est forcé d'avouer que le *Bacterium,* qui apparaît le premier dans toutes les infusions, « est si petit, qu'on ne saurait distinguer son germe et encore moins assigner la présence de ce germe, s'il était connu, parmi les corpuscules organisés des poussières en suspension dans l'air. » (P. 51.)

Il ne suffit donc pas de parler sans cesse de ces germes in-visibles ou problématiques. S'ils existent réellement , il faut nous les montrer (1).

_____

(1) On nous a fait souvent cette objection, qui se reproduit encore toutes

Nous adjurons donc M. Pasteur et ses amis de nous dire s'ils ont jamais rencontré dans l'air les spores , pourtant assez volumineux , qui constituent la levûre de bière et celle du cidre. Ont-ils vu dans l'atmosphère , et peuvent-ils nous y montrer les semences de l'*Isaria aranearum* , qui croît uniquement sur les cadavres d'araignées ; du *Racodium cellare* , qui ne se développe que sur les futailles ; celles du *Cordyceps Robertsii* , qui ne se rencontre que sur sur une chenille des contrées tropicales ? Ces semences , celles de la levûre et des futailles surtout , auront donc inutilement voyagé dans l'air depuis le commencement du monde jusqu'au moment où

---

les fois qu'il est question de l'Hétérogénie ; on nous a dit : Si les germes atmosphériques sont invisibles pour vous , cela tient à ce que leur extrême ténuité les soustrait à l'œil armé du meilleur microscope. Voici notre réponse, ou plutôt celle d'un jeune et brillant professeur qui porte dignement un nom déjà deux fois illustre :

« Nancy , 26 novembre 1860.

« Selon mon opinion , nous écrivait M. Emile Burnouf , cette objection est plus spécieuse que solide ; et s'il est évident que, réduite à une abstraction géométrique , la matière , comme l'espace, est divisible à l'infini , il y a tout lieu de croire qu'il n'en est pas ainsi des formes *vivantes*, lesquelles ne peuvent être des *atomes*. De plus , je suis très-porté à admettre que l'homme n'est pas dans un milieu vague entre deux infinis , mais que ces formes vivantes sont , par rapport à lui , dans des proportions déterminées et mesurables , de sorte qu'il y en a qui sont plus petites que toutes les autres , et d'autres qui sont les plus grandes de toutes , mais ne sont point infinies. N'êtes-vous pas frappé , mon cher Confrère , de cette vérité que tout ce qui se dit de l'infini en petitesse se peut dire également de l'infini en grandeur ? Pourquoi donc ne s'avise-t-on pas de raisonner sérieusement sur des êtres vivants dont l'homme ne serait qu'un petit élément , tandis qu'on ne se fait aucun scrupule de supposer des êtres infiniment petits ? Cette dernière supposition ne me paraît pas plus naturelle que l'autre , et il y a là une illusion.

» Je suis donc porté à croire que nos instruments perfectionnés atteignent les dernières formes de la vie ici-bas , et qu'au delà de ces animaux très-petits et très-simples dont vous recherchez l'origine, il n'y en a pas d'autres plus petits encore.

» Entre autres raisons qui me portent vers cette opinion, c'est que le microscope peut atteindre bien au delà de ces formes encore passablement grandes , et que cependant il ne voit pas qu'elles se perdent dans cet infini en petitesse , comme les étoiles dans les profondeurs du ciel.

» Je n'aperçois donc pas de raison métaphysique solide qui doive vous arrêter dans votre voie. »

je ne sais qui, Osiris peut-être, inventa la bière et les ton-
neaux de bois.

Loin de nous pourtant la pensée de nier que les poussières
de l'air, et même celles qui recouvrent depuis plus ou moins
longtemps nos meubles et nos édifices, ne contiennent jamais
ni spores végétaux, ni œufs d'infusoires ciliés; nous disons
seulement, ou plutôt nous répétons, avec une conviction en-
tière, fruit de nombreuses expériences, que ces œufs et ces
spores s'y trouvent en quantité trop peu considérable pour
expliquer d'une manière tant soit peu satisfaisante la prodigieuse fécondité des infusions (1).

La distinction que M. Pasteur établit entre la poussière
en suspension dans l'air et la poussière *en repos*, nous paraît
plus que subtile, pour ne pas dire très-mal fondée.

Comment admettre, en effet, avec le savant Directeur de
l'École normale, que les courants d'air opèrent une sorte
de triage en enlevant sans cesse les spores et les œufs déposés
sur nos meubles, pour n'y laisser que les particules inorganiques, beaucoup plus lourdes que les corpuscules organisés?
Et si cette explication n'est pas une chimère, comment se
fait-il que lui, M. Pasteur, voie ou simplement admette des
semences en si grand nombre dans la *poussière en repos* de
nos cuves à mercure?

Quant à nous, nous croyons, après expérience, à l'identité
presque parfaite de la poussière *en repos* et de la poussière
en mouvement.

Nous lisons, p. 26 et 63 : « Il y a *constamment* dans l'air

---

(1) Richard Owen a calculé qu'il y a dans une goutte d'eau, extraite d'une
infusion féconde, 500 millions d'animalcules, c'est-à-dire, un nombre de
beaucoup supérieur à celui des habitants du globe.

De son côté, M. Pouchet affirme que si l'atmosphère contenait réellement
les germes des innombrables proto-organismes qui se développent dans un
vase exposé à l'air et renfermant une substance organique en macération,
l'air que nous respirons aurait une densité énorme, qui le rendrait tout à fait
impropre à la vie.

Notons de plus avec lui que ce serait une honte pour la chimie de n'avoir
pas encore constaté, par ses analyses, la présence d'un nombre si prodigieux
d'êtres organisés.

2

commun un nombre variable de corpuscules, dont la forme et la structure annoncent qu'ils sont organisés. »

Ici, vous croyez sans doute que M. Pasteur est partisan de de la Panspermie universelle de Bonnet.

Détrompez-vous, Messieurs, il n'admet qu'une *panspermie limitée, localisée,* une *demi-panspermie,* inventée tout exprès pour les besoins de sa cause.

Ecoutez plutôt :

P. 68. « L'air ambiant n'offre pas, à beaucoup près, avec continuité, la cause des générations dites *spontanées,* et il est toujours possible de prélever, dans un lieu et à un instant donnés, un volume considérable d'air ordinaire, n'ayant subi aucune espèce d'altération physique ou chimique, et néanmoins tout à fait impropre à donner naissance à des Infusoires ou à des Mucédinées... »

Dans sa communication faite à l'Institut, au mois de septembre 1860, M. Pasteur se montrait plus explicite encore.

« En résumé, disait-il, nous voyons que l'air ordinaire ne renferme que çà et là, sans aucune continuité, la condition de l'existence première des générations dites spontanées. Ici il y a des germes, là il n'y en a pas ; plus loin, il y en a de différents ; il y en a peu ou beaucoup, selon les localités. La pluie en diminue le nombre. Pendant l'été, etc. » (*Comptes rendus de l'Institut*, tom. LI, p. 352, 1860.)

Les conséquences d'une si flagrante contradiction sont évidentes pour tout le monde : l'auteur du *Mémoire couronné* semble pourtant ne les avoir pas aperçues.

Comment n'a-t-il pas vu qu'elles frappent de nullité toutes ses expériences ?

S'il n'obtient rien dans ses ballons, lorsque les nôtres se peuplent d'infusoires, ne sommes-nous pas en droit de lui dire : Vous avez opéré dans une zone d'air inféconde.

Dressez d'abord la *carte semi-panspermique* des régions de l'atmosphère qui sont peuplées de germes, et de celles qui n'en renferment pas, et nous vous suivrons avec plus de confiancé dans vos voyages au Montanvert ou dans les caves de l'Observatoire impérial de Paris (1).

Ne peut-on pas aussi, avec M. Pouchet, dire à M. Pasteur :

« Si la panspermie est universelle, on ne saurait expliquer vos dernières expériences : si elle est partielle, vos premières n'auraient jamais dû être tentées (2).

Qui ne sait d'ailleurs que l'illustre auteur de la *Théorie positive de l'ovulation spontanée* a obtenu des résultats identiques en remplissant ses vases à infusion d'air recueilli, soit dans les rues de sa ville natale, soit sur le sommet de l'Etna, soit dans les hypogées de Thèbes, soit au milieu des mers ?

Ainsi donc, la *panspermie limitée* est un faux-fuyant, ou plutôt, c'est une impasse où nous croyons, à notre tour, avoir « acculé » notre habile adversaire. Le lecteur en décidera.

Quoi qu'il en soit, poursuivons attentivement l'œuvre de M. Pasteur, et voyons le rôle qu'il attribue à l'air ordinaire et à l'air calciné, quand tous deux sont mis en contact avec les infusions bouillies et non bouillies.

Mais avant de continuer à le suivre dans le dédale où il s'est engagé, qu'il nous permette de lui dire qu'il n'avait pas lu assez attentivement nos travaux, ou plutôt qu'il ne nous avait pas même fait l'honneur d'en prendre connaissance quand il nous a prêté très-gratuitement le raisonnement qui suit :

P. 64. « Il y a dans l'air des particules solides, telles que carbonate de chaux, silice, soie, brins de laine, de coton, fécule.... et, à côté, des corpuscules d'une parfaite ressemblance avec les spores des Mucédinées, ou avec les œufs des Infusoires. Eh bien ! je préfère placer l'origine des Mucédinées et des Infusoires dans les premiers corpuscules plutôt que dans les seconds. »

« A mon avis, ajoute M. Pasteur, l'inconséquence d'un

---

(1) Voir l'excellent article critique inséré par le docteur Guitard, dans le *Journal de Médecine de Toulouse*, Mars, 1863.

(2) Pouchet, GÉNÉRATIONS SPONTANÉES. État de la question en 1863, p. 32.

pareil raisonnement ressort d'elle-même. Tout le progrès de mes recherches consiste à y avoir acculé les partisans de l'hétérogénie. »

Mieux renseigné aujourd'hui, M. Pasteur doit savoir que jamais nous n'avons attribué l'origine des proto-organismes, soit végétaux, soit animaux, aux particules amorphes et *inorganiques* de la poussière atmosphérique. Mais nous nous croyons en droit de l'attribuer (parce que l'expérience a cent fois parlé pour nous) un peu sans doute aux quelques semences qui peuvent se trouver dans la poussière, un peu plus encore aux détritus de la vie qu'elle contient.

C'est là, du reste, l'opinion d'un chimiste très-distingué (M. Baudrimont), dont la science ne le cède en rien à celle de M. Pasteur.

§ II. *Influence de l'air ordinaire sur les infusions.*

P. 28. « On peut toujours mettre en contact avec une infusion qui a été portée à l'*ébullition* un volume d'air ordinaire considérable, *sans qu'il s'y développe la moindre production organisée.* »

P. 23. « Lorsque les matières organiques des infusions ont été chauffées, elles se peuplent d'infusoires ou de moisissures... Or, leurs germes, dans ces conditions, ne peuvent venir que de l'air. »

Nous ne nous chargeons pas d'accorder deux assertions si nettement contradictoires. Ces contradictions flagrantes n'empêchent pas M. Pasteur de s'écrier un peu plus loin, p. 44 :

« Je regarde comme mathématiquement démontré que toutes les productions organisées qui se forment à l'air ordinaire dans de l'eau sucrée albumineuse, préalablement portée à l'ébullition, ont pour origine les particules solides qui sont en suspension dans l'air. Du reste, ce qui prouve que les germes, c'est-à-dire, les *spores*, ou les *œufs* ne proviennent pas de l'air, c'est qu'on obtient des infusions fécondes en exposant une matière organique bouillie au contact de l'oxygène pur, ou même de l'air artificiel (*Expériences de Pouchet et de Mantegazza*).

§ III. *Influence de l'air calciné.*

P. 13. « L'air chauffé, puis refroidi, laisse intact du jus de viande qui a été porté à l'ébullition. »

P. 37. « L'eau de levûre de bière sucrée, liqueur éminemment altérable à l'air ordinaire, demeure intacte, limpide, sans jamais donner naissance à des infusoires ou à des moisissures, lorsqu'elle est abandonnée au contact de l'air, qui a été préalablement rougi. »

P. 54. « Le lait soumis à l'ébullition à 100°, et abandonné au contact de l'air chauffé, se remplit, après quelques jours, de petits infusoires. »

P. 56. « J'ai reconnu que l'on peut faire produire des *vibrions* à l'eau de levûre sucrée, au contact de l'air calciné. Il suffit de faite bouillir la liqueur à 100°, en présence d'un peu de carbonate de chaux, qui rend la liqueur neutre ou légèrement alcaline. Il en est de même pour l'urine. »

A priori, est-il possible que du jus de viande bouilli reste intact en présence de l'air calciné, tandis que du lait porté à 100° se remplira d'infusoires au contact de ce même air ?

Nos propres expériences, corroborées par celles de MM. Pouchet, Jeffries Wyman, et même par quelques-unes de Schwann, nous ont amené à des résultats qui diffèrent du tout au tout de ceux qu'annonce M. Pasteur.

Quant à l'influence du carbonate de chaux sur la levûre ou sur l'urine, nous ne l'avons point expérimentée, et, par suite, nous n'en pouvons rien dire; mais il nous paraît fort étrange, pour ne pas dire impossible, que l'addition d'un peu de carbonate de chaux change ainsi les propriétés génésiques d'un seul et même liquide, ou donne à l'air calciné des qualités qu'il n'a pas lorsqu'on le met en contact avec du jus de viande simplement bouilli.

3

§ IV. *Expériences sur le mercure.*

Mais voici pour nous , et probablement pour beaucoup d'autres , le comble du merveilleux , au point de vue de la physiologie.

P. 79. « Que l'on prenne , dit M. Pasteur, un ballon vide d'air et rempli en partie d'un liquide putrescible , soumis à l'ébullition préalablement ; que l'on plonge sa pointe fermée au fond d'une cuve à mercure quelconque, et que , par un choc on brise sa pointe au fond de la cuve , il naîtra , dans le liquide de ce ballon , des productions organisées , peut-être neuf fois sur dix , après qu'on y aura fait arriver soit de l'air calciné , soit de l'air artificiel.

» Il n'y a évidemment que le mercure qui ait pu fournir les germes , *à moins qu'il n'y ait génération spontanée ;* mais cette hypothèse est écartée par ce fait , que si l'expérience est répétée sans emploi de la cuve à mercure , il n'y a pas de production. »

Un peu plus loin , p. 80. M. Pasteur nous dit qu'il lui a suffi d'introduire dans une liqueur altérable , et au sein d'une atmosphère d'air calciné , *un seul globule de mercure de la grosseur d'un pois* pour obtenir , deux jours après , et dans toutes les expériences qu'il a faites , les productions les plus variées.

Décidément, M. Pasteur, ainsi que vous l'a déjà dit un de nos savants les plus aimables (1), décidément le monde où vous prétendez nous mener est par trop fantastique.

Les productions variées dont vous parlez auraient pris naissance dans vos ballons, lors même que vous n'y auriez pas introduit la moindre parcelle de mercure. C'est là pour nous un fait d'expérience , corroboré par celles de Mantegazza , Wyman, Schaafhausen , Pouchet , Musset, etc.

D'ailleurs , M. Pasteur n'ignore pas qu'en renversant sur la

---

(1). L. Figuier, *Moniteur scientifique* , 1861 , p. 961.

cuve à mercure des flacons remplis de levûre sucrée et bouillie,
et en introduisant dans les uns de l'air ordinaire, dans les
autres de l'air calciné, le docteur Schwann a vu précisément
tout le contraire de ce qu'a vu M. Pasteur.

C'est le savant Docteur lui-même qui parle, et c'est l'habile chimiste qui le cite (*Mém. couronné*, p. 14.)

« Au bout d'un mois, dit Schwann, il y eut fermentation,
et, par suite, productions organisées, dans les flacons qui
avaient reçu l'air ordinaire ; elle ne s'était pas encore mani-
festée dans les deux autres après un mois d'attente. Mais, en
répétant ces expériences, ajoute M. le docteur Schwann, je
trouvai qu'elles ne réussissent pas toujours aussi bien, et que
quelquefois la fermentation ne se déclare dans aucun des flacons, par exemple, lorsqu'on les a maintenus trop longtemps
dans l'eau bouillante ; et quelquefois, d'autre part, le liquide
fermente dans les flacons qui ont reçu de l'air calciné. »

L'absence de productions organisées, même en présence de
l'air ordinaire, prouve indubitablement, selon nous, l'absence de germes dans cet air aussi bien que sur le mercure.
Cette infécondité est due, comme le dit très-bien le docteur
Schwann, à l'altération de la substance organique, par suite
d'une ébullition trop longtemps prolongée (1).

---

(1) L'expérience relatée par M. Pasteur dans sa récente communication à
l'Institut (séance du 20 avril 1863, p. 735), est tout à fait analogue à celle
de Schwann, et s'explique de la même manière. Si, au bout de trois ans, il
n'a rien trouvé dans ses flacons, en partie remplis de levûre sucrée et
bouillie, c'est que cette liqueur s'était sans doute trop altérée sous l'influence de l'ébullition, pour pouvoir produire des *Infusoires* et des *Mucédinées.*

Du reste, si M. Pasteur avait regardé plus tôt ses flacons, peut-être y eût-
il aperçu quelque production organisée.

Et puis, M. Pasteur oublie donc qu'il a dit quelque part (pag. 67 du *Mémoire couronné*) :

« De l'eau de levûre, sucrée ou non, soumise à l'ébullition, s'altère en
très-peu de jours, lorsqu'on met le ballon qui la renferme en contact avec
l'air ordinaire. »

Je le crois sans peine, mais je ne conçois pas très-bien, je l'avoue, pourquoi M. Pasteur obtient aujourd'hui un résultat précisément tout opposé.

Quant à l'apparition des infusoires dans des flacons remplis d'air calciné, et renversés sur le mercure, dès qu'il est prouvé que ce n'est ni le métal, ni l'air calciné qui leur a donné naissance, il faut logiquement admettre la conclusion à laquelle ne voulait pas arriver M. Pasteur, c'est-à-dire, la genèse spontanée au moyen des substances organiques mises en expérience. La fécondité du mercure lui-même est tout à fait nulle, ou du moins beaucoup moins grande que ne le dit l'auteur du *Mémoire couronné*.

L'expérience qui suit vient à l'appui de cette affirmation.

A l'aide d'un verre à boire *parfaitement propre*, nous écumons, pour ainsi dire, la surface poudreuse d'une cuve au mercure, et nous versons dans un autre vase à peu près un litre du métal. Cela fait, nous lavons le mercure dans une petite quantité d'eau distillée, qui devient trouble, et nous examinons ce liquide au microscope. L'observation la plus attentive ne nous y montre aucun germe d'infusoire, aucun spore de cryptogame.

Résultat. Cinq, six, vingt jours après, l'œil armé du meilleur microscope ne peut constater la moindre trace de vie dans l'eau de lavage, bien que nous ayons laissé au fond du vase, une petite quantité de mercure. Qu'est donc devenue la fécondité de ce métal, tant exaltée par M. Pasteur ?

§ V. *Influence de l'ébullition et d'une température élevée sur la vitalité des germes atmosphériques.*

P. 23. «L'ébullition détruit les germes que les vases ou les matières de l'infusion ont apportés dans la liqueur.»

Ici, et nous aimons à le constater, nous sommes complètement d'accord avec M. Pasteur, qui l'est lui-même avec MM. Claude Bernard, Milne-Edwards, Pouchet, Hoffmann, etc.

Un peu plus loin, nous trouvons cette assertion étrange :

P. 54. « Le lait soumis à l'ébullition à 100°, et abandonné au contact de l'air chauffé, se remplit, après quel-

ques jours, de petits infusoires, le plus souvent d'une va-
riété de *Vibrio lineola*. »

Et une page plus loin :

« Dans certains cas, les *Vibrions* résistent à la température de 100°. »

Première contradiction relative à la physiologie de ces animalcules. Nous verrons bientôt que ce n'est pas la dernière.

Après avoir posé en principe que l'ébullition tue les germes,
de quelque nature qu'ils soient, en disant ensuite qu'une
température humide de 100° ne les fait pas toujours périr
(du moins ceux des *Vibrions*), M. Pasteur semble oublier
qu'il affirme quelque part qu'une chaleur inférieure à 100°
suffit pour anéantir leur vitalité.

Je me trompe ; il l'oublie si peu que, dans son Mémoire
couronné, il supprime cette phrase imprudente qui s'était
glissée malencontreusement dans sa communication à l'Institut
du 6 février 1860.

Le lecteur jugera en voyant les deux textes ici mis en
regard.

Il s'agit de la rentrée de l'air dans des ballons, en partie
remplis d'eau sucrée albumineuse, au moment même où cesse
l'ébullition.

Texte de la communication du 6 février 1860.	*Texte du Mémoire couronné en 1862.*
«L'air commun, il est vrai, est entré brusquement à l'origine ; mais pendant toute la durée de sa rentrée brusque, le liquide très-chaud et lent à se refroidir, faisait périr les germes apportés par l'air. » (C. rendus, 1860, t. L, pag. 306). Donc, en ce temps-là, ces germes, *Vibrions et autres*, pé-	« Il semble que l'air ordinaire rentrant avec force dans les premiers moments, doit arriver tout brut (et par conséquent chargé de germes) dans le ballon. Cela est vrai, mais il rencontre un liquide encore voisin de la température de l'ébullition. » La rentrée de l'air se fait ensuite avec plus de lenteur,

rissaient à une température et lorsque le liquide est assez un peu inférieure à 100°. refroidi pour ne plus pouvoir enlever aux germes leur vitalité, la rentrée de l'air est assez ralentie pour qu'il abandonne dans les courbures humides du col, toutes les poussières capables d'agir sur les infusions, et d'y déterminer des productions organisées. » (p. 60.)

Au fond, les idées sont les mêmes, bien que les deux rédactions diffèrent un peu : seulement, la dernière ne dit pas d'une manière aussi explicite que l'eau qui ne bout plus suffit pour faire périr les germes atmosphériques.

P. 88. « Il n'est donc pas douteux que par l'action d'une température élevée, en dehors de toute humidité, la fécondité des spores du *Penicillium glaucum* se conserve jusqu'à 120° et même un peu plus. »

P. 89. « Au nombre des *Mucédinées* qui ont pris naissance dans les expériences, en petit nombre, il est vrai, où j'avais semé les poussières de l'air chauffées à 120°, le *Penicillium glaucum* ne s'est pas montré » ! !!

Est-il possible de se contredire plus vite et plus clairement que ne le fait ici M. Pasteur ?

Toutes les autres expériences relatives aux ensemencements n'ont absolument aucune valeur, selon nous, puisque en n'ensemençant pas nos ballons, et en opérant d'après le procédé de M. Pasteur (voy. p. 37 du *Mémoire couronné*), nous avons obtenu (1) autant de proto-organismes que lui, qui avait en-

---

(1) Voy. dans le *Moniteur scientifique* du docteur Quermenille, 1er octobre 1862, le Mémoire qui nous est commun avec M. Musset, et qui a pour titre : *Réfutation de l'une des expériences capitales de M. Pasteur, suivie d'études physiologiques sur l'Hétérogénie.*

semencé les siens. Tant il est vrai, comme le dit spirituelle-
ment M. Pouchet, que l'habile chimiste parisien « sème l'in-
visible et obtient la récolte du hasard. »

. « Il n'y a donc pas de subterfuge possible, peut-on dire à
M. Pasteur, pas de moyen évasif : ou les œufs et les semences
périssent dans l'eau bouillante, ou ils n'y périssent pas !

» S'ils y périssent, plusieurs de vos expériences proclament
la génération spontanée avec la plus splendide éloquence (1).

» S'ils n'y périssent pas, toutes vos expériences sont frappées
de nullité, car à ce compte, chacun de vos ballons devrait
être peuplé d'organismes.

» S'ils y périssent, toutes les ressources de l'intelligence
s'épuiseraient en vain pour expliquer, autrement que par
l'hétérogénie, la fécondité des expériences d'Ingeahousz, de
Mantegazza, de Joly, de Musset et des nôtres (2). »

§ VI. *Physiologie de M. Pasteur.*

Pages 31, 54, 71, 96. Les Vibrions respirent, et « le poids
d'oxygène transformé en acide carbonique par la vie de ces
petits êtres, est supérieur au poids total de leur substance. »

P. 54. « Ce n'est pas tout, leur vie se poursuit tant qu'il y a
de l'oxygène ($\frac{1}{100}$ suffit), et lors même que la proportion d'a-
cide carbonique est considérable. »

Ce n'est pas tout encore. Pag. 86, M. Pasteur admet des
Vibrions *ordinaires*, ayant besoin d'air pour vivre, et d'autres
Vibrions (les V. *ferments*) qui ne se distinguent des premiers
que par un peu plus de volume, et qui non-seulement *peuvent
se passer d'air, mais que l'air tue !!...*

Et l'un des panégyristes des travaux de M. Pasteur, de
s'écrier dans son enthousiasme :

« N'est-il pas remarquable que des études expérimentales

---

(1) Vibrions trouvés dans l'expérience de M. Pasteur (*Comptes rendus*,
tom. L., p. 862).

(3) F.-A. Pouchet. *Etat de la question en* 1860, p. 31.

qui sont plus spécialement chimiques, aient conduit à des découvertes de premier ordre en physiologie? Un animal qui vit sans air, un animal que tue l'oxygène libre ! ! ! (1). »

Si l'on demande à M. Pasteur comment les infusoires *ferments* ont pu prendre naissance, puisque l'air les tue, il se tire d'embarras en entassant Vibrions sur Vibrions, c'est-à-dire, invraisemblances sur invraisemblances, impossibilités sur impossibilités.

« Ils naissent, dit-il, à la suite d'une première génération d'êtres qui détruisent en peu de temps des quantités relativement considérables de gaz oxygène et en privent absolument les liqueurs (2).

» ... Mais ces infusoires ferments, *qui vivent sans oxygène,* que l'*oxygène* tue, ont besoin pour produire la fermentation au contact de l'air, d'être associés à des infusoires qui consomment de l'oxygène libre, et qui remplissent le double rôle d'agents de combustion pour la matière organique, et d'agents préservateurs de l'action directe de l'oxygène de l'air pour les infusoires ferments (3). »

Et satisfait de sa réponse, M. Pasteur se demande à son tour :

« Les êtres inférieurs qui peuvent vivre en dehors de toute influence du gaz oxygène libre, n'ont-ils pas la faculté de pouvoir passer au genre de vie des autres et inversement ? »

Nous ne désespérons pas de voir cette difficile question bientôt résolue, à l'édification complète des physiologistes de l'école de M. Pasteur (4).

---

(1) *Journal officiel de l'Instruction publique*, 30 août 1862, p. 663.

(2) *Revue des Sociétés savantes*, 13 mars 1863, p. 100.

(3) *Id.* *Id.* *Id,* p. 102.

(4) En effet, presque au moment même où nous traçons ces lignes, nous recevons la dernière communication de M. Pasteur à l'Académie, et nous voyons qu'il admet aujourd'hui que les Infusoires auxquels il attribue, en très-grande partie, les combustions lentes dont les matières organiques mortes sont le siége, « absorbent d'énormes quantités d'oxygène, sont des agents de combustion dont l'énergie, variable avec leur nature spécifique, est quelquefois extraordinaire. » *Comptes rendus de l'Institut*, 20 avril 1863, p. 738.

Aujourd'hui les Vibrions sont donc aussi avides d'oxygène qu'ils l'étaient peu dans les précédentes expériences de ce chimiste. Aujourd'hui l'oxygène ne tue donc plus les Vibrions. N'est-ce pas le cas de s'écrier : *E semprè benè cosi ?*

A moins toutefois que l'auteur du Mémoire ne nous dise que parmi ces agents si énergiques de combustion, il ne range plus les *Vibrions ferments*. Cela pourrait être ; car il ne mentionne dans sa communication du 20 avril 1863, que les Mucédinées, les Mucors, les Bactéries et les Monades.

Des *Vibrions ferments*, il n'en est plus question.

Les Vibrions ordinaires, ceux dont il est fait mention expresse, p. 52 du *Mémoire couronné*, absorbent aujourd'hui en respirant, non-seulement la *plus grande partie*, mais bien *la totalité* de l'oxygène contenu dans l'air des ballons où ils vivent. Physiologie fantastique, s'il en fut, et qu'on s'étonne de voir patronner par des hommes qui, sous d'autres rapports et à très-juste titre, font autorité dans la science.

Mais revenons au *Mémoire* de M. Pasteur. A la p. 48, ce chimiste prétend que les *Infusoires* et les *Mucédinées* s'excluent en quelque sorte, c'est-à-dire que si une infusion se couvre de *Mucédinées* dans les premiers jours de son exposition à l'air, elle est privée plus ou moins d'*Infusoires*. Et inversement, lorsqu'elle débute par des *Infusoires*, elle a peine à montrer des moisissures. Comment se fait-il que dans plusieurs endroits de son *Mémoire*, il dise avoir vu se développer tout à la fois des *Infusoires* et des *Mucédinées ?* (Voy. p. 39, 95, etc.)

Voici l'une des expériences capitales de M. Pasteur. Au moyen de l'eau distillée pure, d'un sel d'ammoniaque cristallisé, du sucre candi et des phosphates provenant de la levûre de bière, M. Pasteur obtient un épais *mycelium* en semant des spores de *Penicillium* ou d'une *Mucédinée* quelconque. « Par la précaution de l'emploi d'un sel acide d'ammoniaque, dit-il, on empêche le développement des Infusoires qui, par leur présence, arrêteraient bientôt les progrès de la petite plante, en absorbant l'oxygène de l'air dont la Mucédinée ne peut se passer. » *Mém. couronné*, p. 96.

Ceci se disait en 1861. Ecoutons ce qui se disait en 1859.

« En employant de l'eau distillée, de l'ammoniaque, du sucre candi pur, des phosphates et du carbonate de chaux précipité, M. Pasteur voit la vie végétale et animale prendre naissance dans ce milieu exclusivement composé de matières inorganiques. Il s'y forme un abondant dépôt de levûre lactique, associée ordinairement à des *Infusoires* (1). »

Le sel d'ammoniaque n'empêchait donc pas, en 1859, la production de ces derniers.

Page 74, nous lisons ce qui suit :

« Tant qu'il y a de l'humidité, la vie est sans fin dans une infusion exposée au contact de l'air libre, parce que l'oxygène, *l'un des éléments essentiels des Mucédinées et des Infusoires, ne leur fait jamais défaut.*

» Mais dans une atmosphère limitée, la vie s'arrête forcément au bout de quelques jours. Les gros Infusoires ne se montreront donc pas, puisqu'il est reconnu que ce n'est point par eux que la vie commence dans les infusions. »

Il y a ici tout à la fois une double erreur et une contradiction.

Première erreur. Il n'est pas exact de dire que tant qu'il y a de l'humidité, la vie est sans fin. Il vient un moment, au contraire, où la substance organique épuisée, en quelque sorte, ou du moins très-altérée, ne peut plus fournir ni *Mucédinées*, ni *Protozoaires.*

Seconde erreur. Si les gros *Infusoires* n'apparaissent pas dans les infusions bouillies, ni dans les infusions exposées à une atmosphère limitée, ce n'est pas uniquement parce que l'oxygène leur manque, absorbé qu'il est par les *Bactéries*, les *Monades* ou les *Vibrions* qui les précèdent, mais bien, comme le dit M. Pouchet, parce que « les facultés génésiques des infusions sont étouffées par les conditions matérielles des expériences *in vitro.* »

---

(1) *Ami des sciences*, 13 mars 1859.

Contradiction, car l'oxygène est regardé comme indispensable aux Infusoires. Ici encore, l'oxygène ne tue donc pas les Vibrions !

Nous ne parlerons pas des expériences que M. Pasteur dit avoir exécutées tout récemment et avec un plein succès, sur l'urine sortant de la vessie, et sur du sang extrait des veines ou des artères d'un chien en bonne santé, expériences qui, selon lui, *portent un dernier coup à la doctrine des générations spontanées*.

Avant de nous soumettre à cette condamnation aussi tranchante que sévère, nous aurions désiré connaître le *modus faciendi* employé par notre antagoniste, pour mettre en contact avec de l'air privé de ses germes, des liquides frais, putrescibles à un très-haut degré, comme le sont l'urine et le sang. Ce procédé expérimental assez simple, à ce que dit son inventeur, n'aurait pas exigé une longue description, et, vu l'importance des résultats, nous ne concevons pas que M. Pasteur ait omis de nous la donner. De bonne foi, pouvons-nous contrôler ses dernières assertions, et ne nous autorise-t-il pas à lui dire qu'en nous servant des liquides par lui mis en usage, et en suivant un procédé qui nous est propre, mais que nous gardons pour nous, dans la crainte *d'allonger outre mesure cette communication*, nous sommes arrivé à des résultats entièrement opposés à ceux au moyen desquels il prétend avoir enterré à tout jamais la doctrine des *générations spontanées?*

§ VII. *Principales objections contre la théorie panspermiste.*

Après avoir signalé le grand nombre d'erreurs et de contradictions que nous avons remarquées dans le *Mémoire* de M. Pasteur, couronné par l'Académie des sciences de Paris, nous croyons qu'il ne sera pas hors de propos de grouper ici les principales objections que l'on peut faire à la théorie panspermiste.

1° Si les germes encombrent réellement l'atmosphère, pourquoi, dans leurs analyses de l'air, les chimistes n'en ont-ils pas encore constaté la présence ?

2° Pourquoi ces germes se sont-ils montrés si peu nombreux à MM. Pouchet, Baudrimont, Mantegazza, Musset, Schaafhausen, Jeffries Wyman et nous?

3° Si ces germes sont dans l'air, pourquoi ne peut-on pas nous les montrer? Où sont notamment ceux de la levûre de bière, du *Racodium cellare*, etc.?

4° Pourquoi les rencontre-t-on en si petite quantité dans les voies respiratoires de l'homme, des mammifères et des oiseaux?

5° Pourquoi leur nombre est-il si peu en proportion avec la prodigieuse fécondité des infusions?

6° Si les germes de l'air sont la cause des *générations spontanées*, pourquoi ces générations ont-elles lieu dans des infusions bouillies, mises en présence de l'air calciné, de l'air privé de ses germes par la potasse et l'acide sulfurique, de l'air tamisé par des membranes animales (1), ou renfermé dans les cavités closes de certains végétaux (2), enfin dans de l'air artificiel, et dans l'oxygène pur? (*Expériences de Mantegazza et de Pouchet.*)

7° Pourquoi, si ces germes tombent du ciel, ne les trouve-t-on ni dans l'eau distillée exposée à l'air, ni sur une plaque de verre enduite d'une substance huileuse ou d'un vernis humide, également et longtemps exposée à l'air libre?

8° Pourquoi l'eau distillée, versée dans un vase ouvert, reste-t-elle improductive, tandis qu'elle devient très-féconde dès qu'on y met à macérer une substance organique?

9° Pourquoi, en semant directement dans l'eau distillée un poids donné de poussière en repos, c'est-à-dire, recueillie sur les vieux édifices ou sur les meubles de nos appartements, n'obtenons-nous pas d'Infusoires ciliés, tandis qu'un même poids de substance organique (feuilles vertes, foie de veau,

---

(1) Voy. *Thèse de M. Musset*, *expérience du cæcum*, p. 31.
(2) Id. *expérience de la citrouille*, p. 30.

jaune d'œuf, etc.); mis dans une quantité d'eau pure, égale
à celle de l'expérience qui précède, nous donne en abon-
dance, non-seulement des *Bactéries* et des *Monades*, mais
encore des *Kolpodes*, des *Vorticelles* et des *Paramécies?*

10° Si les poussières de l'air sont aussi riches en germes de
toute espèce que le prétend M. Pasteur, pourquoi, en répétant
avec le plus grand soin l'une des expériences capitales de
ce chimiste, avons-nous vu nos ballons non ensemencés aussi
féconds que ceux où nous avions semé des corpuscules (1)?

11° Si la poussière en repos sur le mercure est elle-même si
féconde, pourquoi en lavant un litre de ce métal dans de l'eau
distillée, avons-nous vu cette eau rester improductive, bien
qu'elle fût exposée à l'air libre?

12° Si la théorie de M. Pasteur est vraie, pourquoi, en exposant simultanémont à l'air une même quantité de la même
infusion placée dans un verre à expériences, et dans une
grande cuvette à fond plat, le premier vase renferme-t-il des
Infusoires ciliés, tandis que le second n'en offre pas un seul (2)?

13° Pourquoi dans les infusions bouillies, ne trouve-t-on
jamais d'infusoires ciliés?

14° Si les germes sont réellement répandus dans l'air,
comment et pourquoi un même décimètre cube d'air ordinaire, successivement mis en contact avec quatre infusions
diverses, produira-t-il dans l'une des *Penicillium*, dans l'autre
des *Bactéries*, dans la troisième des *Monades*, dans la qua-
trième enfin, des *Kolpodes* et des *Paramécies?* (*Expérience
Pouchet.*)

15° Pourquoi, en disposant un appareil de Woolf, comme
il est dit dans la *Thèse* de M. Musset, p. 32, avons-nous obtenu des résultats tels, que le nombre des êtres vivants ren-
fermés dans chacun des flacons était proportionnel, non à la
quantité d'air (c'est-à-dire de germes, d'après la *théorie pans-*

---

(1) Voy. le *Moniteur scientifique*, 1er octobre 1862.
(2) Pour le détail des expériences 7, 8, 9, 10, 11 et 12, voir notre Mémoire
intitulé : *Réfutation*, etc., Moniteur scientifique du 1er octobre 1862.

permiste) qui les avait traversés, mais bien à la quantité de matière organique contenue dans ces mêmes flacons?

16° Enfin, les fameuses expériences de Schwann et de Schultre ayant été reconnues fausses, même par M. Pasteur, que reste-t-il désormais aux partisans de la *théorie pansper-miste ?*

Celles de M. Pasteur lui-même, dira-t-on peut-être. Mais alors on oubliera que MM. Pouchet, Pineau (1), Mantegazza, Jeffries Wyman (2), Schaafhausen, mon jeune collaborateur et moi avons acquis la certitude morale qu'elles ne peuvent plus subsister.

En finissant cet examen critique, nous ne saurions nous empêcher de témoigner à M. Pasteur (dont nous nous plaisons à reconnaître le vrai talent comme chimiste), la satisfaction grande que nous avons éprouvée en le voyant entrer enfin dans une voie nouvelle, celle des expériences qui n'entravent en rien la nature. Jusqu'à présent, en effet, il l'avait

---

(1) PINEAU. *Recherches sur le développement des animalcules infusoires et des moississures.* Annal. des scienc. naturel., tom. III, p. 182, et tom. IV, p. 103, 3ᵉ série.

(2) Le titre seul du Mémoire publié en 1862 par le professeur Jeffries Wyman, suffirait pour prouver l'identité de ses résultats avec les nôtres. Le voici : Experiments on the formation of Infusoria in boiled solutions of organic matter inclosel in hermetically sealed vessels, and supplied with pure air. (*American Journal of science*, vol. XXIV, p. 8. July. 1862.)

Par surcroit de précaution, nous citerons les propres paroles du savant professeur Américain :

« The result of the experiments here described is, that the boiled solutions of organic matter made use of, exposed only to the air wich has passed through tubes heated to redness, or inclosed with air in hermetically sealed vessels, and exposed to boiling water, *become the seat of infusorial life.* »

M. Schaafhausen vient de déclarer à son tour que, « tant qu'il sera impossible de montrer les germes répandus dans l'air, dans l'eau et ailleurs, tant qu'on ne pourra pas expliquer comment ces germes peuvent résister à la sécheresse ou à la température de l'eau bouillante (conditions qui tuent les germes et les monades), la science aura le droit d'affirmer qu'ils *naissent spontanément là où nous les voyons apparaître.* »

(*Cosmos*, 22 mai 1863, p. 636)

Quant au célèbre Mantegazza, de Pavie, tout le monde connaît ses ingénieuses expériences, et les résultats qu'il en a obtenus. (Voy. *Giornale del Istituto Reale Lombardo*, 1851, p. 467.)

mise à la torture, en la condamnant aux épreuves du feu, de l'air calciné, de l'eau bouillante et des acides énergiques. De là, des résultats erronés, des théories impossibles ; de là, ce tissu de contradictions que nous croyons avoir mises en évidence, et qui compromettent singulièrement, ce nous semble, aux yeux de tout esprit réfléchi, le triomphe officiel de la *Panspermie limitée* (1).

-----

(1) Au moment de livrer ces pages à l'impression, nous lisons dans le *Journal des Savants* (mai 1863, p. 269), un article de M. Flourens, intitulé : *De quelques travaux d'histoire naturelle récemment couronnés par l'Académie des sciences.*

L'auteur de cet article garde un silence absolu sur les expériences de M. Pasteur, mais il condamne formellement la *génération spontanée*. Hier, dit-il, on la soutenait pour les *Infusoires*. « A compter de M. Balbiani, c'est-à-dire à compter d'aujourd'hui, elle ne pourra plus être soutenue pour un animal quelconque, ni par qui que ce puisse être. » Nous sommes d'autant plus surpris de cette affirmation, que l'illustre secrétaire perpétuel de l'Institut ne peut l'étayer, que nous sachions du moins, sur aucune expérience personnelle, et qu'il n'a vu ni voulu voir les résultats dont nous lui offrions un jour de le rendre témoin.

Quant à M. Balbiani, nous n'ignorons pas qu'il prétend avoir découvert des sexes distincts chez les *Infusoires*, mais nous doutons qu'il puisse nous faire voir les testicules ou les ovaires des *Bactéries*, des *Vibrions* ou des *Monades*. Du reste, à l'autorité de M. Balbiani, nous pouvons opposer celle de Rudolph Wagner et de Rudolph Leuckart. Or, ces naturalistes si distingués nient formellement la présence des sexes chez les Infusoires proprement dits, et surtout chez les *Infusoires* non ciliés.

(Voy. l'article SEMEN, de la *Cyclopædia of Anatomy and Physiology* de Robert B. Todd. p. 499).

BIBLIOTHÈQUE PUBLIQUE (MONTBÉLIARD)

Toulouse, Imprimerie de Charles DOULADOURE.

www.ingramcontent.com/pod-product-compliance
Lightning Source LLC
Chambersburg PA
CBHW060526200326
41520CB00017B/5136